BIBLIOTHEQUE
CHRÉTIENNE ET MORALE,

APPROUVÉE

PAR MONSEIGNEUR L'ÉVÊQUE DE LIMOGES.

—

5me SÉRIE

Tout exemplaire qui ne sera pas revêtu de notre griffe sera réputé contrefait et poursuivi conformément aux lois.

LES
ABEILLES

ET

LE GRILLON

PAR

M. LE CHEVALIER REGLEY.

LIMOGES

BARBOU FRÈRES, IMPRIMEURS-LIBRAIRES.

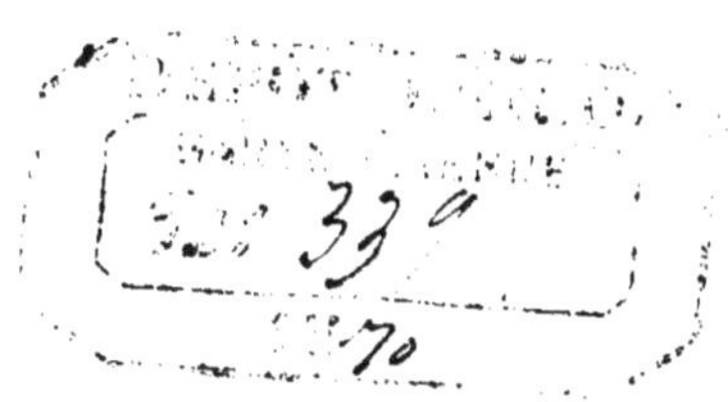

PREMIERE LEÇON.

—

M. de Valmont remarquant l'aptitude de
ses enfants à l'étude de l'histoire naturelle,
se félicitait d'avoir commencé de bonne
heure les leçons de quelques insectes ; mais
combien il lui restait à faire pour apprendre
à ces chers enfants seulement les noms de
ces nombreux animaux qui nous entourent,
qu'on rencontre à chaque pas à la campagne, et dont il est vraiment honteux d'igno-
rer les noms, les habitudes et les mœurs, ne
serait-ce que pour s'éviter la peur ridicule
que les plus innocents inspirent, et en

même temps savoir se préserver des piqûres qu'un petit nombre peut occasioner! aussi se promettait-il de borner ses leçons à la démonstration des divers insectes les plus connus, que nous sommes exposés à voir courir ou voler autour de nous, dans nos jardins ; car il sentait que les autres devoirs que ses enfants avaient à remplir ne leur permettaient pas de donner assez de temps à une étude si longue et si compliquée, que la vie tout entière des naturalistes les plus distingués n'a jamais pu complétement approfondir.

De leur côté, Henri et Francine, que ces sortes de récréations amusaient au-delà de toute expression, se hâtaient d'apprendre leurs autres leçons afin de se rendre auprès de M. de Valmont, pour recevoir de lui des explications sur tous les insectes qui leur tombaient sous la main.

Le troisième jour de ces instructives et intéressantes conversations, après le déjeuner, M. de Valmont emmena ses deux enfants, et les conduisit dans le parc du Petit-Val, belle propriété, aujourd'hui bien en-

tretenue par un des plus riches propriétai-
res de Sucy, **M. Moulton,** qui permet la pro-
menade aux personnes honnètes qui désirent
admirer les jolis sites de ce parc.

Après avoir parcouru les bois de sapins
toujours verts, et d'autres ombrages plus
délicieux encore, ce fut auprès des mouches
à miel, des ruches du potager, qu'il les conduisit, afin de ne pas se laisser entraîner à
répondre à des questions que ses enfants
n'auraient pas manqué de lui faire, s'il les
eût laissés courir dans le parc.

— Mes enfants, leur dit-il, nous avons
parlé des guêpes et des bourdons, nous au-
rions dû commencer par les abeilles, ces petites bêtes si intelligentes qui nous donnent
le miel que nous mangeons sur nos tables ;
elles méritaient les premières de fixer notre
attention.

» Vous savez qu'elles sont plus petites
que les bombyx ou bourdons mâles. Leur
corps, leur couleur, n'ont rien de remarquable ; mais ce qu'on ne peut se lasser d'admirer, c'est cette activité, cet ordre qui règnent
dans leur ruche ; elles y vivent en société au

1..

nombre de plus de vingt mille, quelquefois trente mille, tous mulets ou ouvrières, et de six à huit mille mâles, appelés bourdons par les cultivateurs. Les bourdons n'ont pas de dard comme les mulets. Une seule femelle existe au milieu de cette monarchie : c'est la reine, ainsi que nous l'appelons aujourd'hui. Les anciens lui avaient donné le nom de roi ou chef de la population : c'était une erreur.

» On distingue facilement les ouvrières des mâles. Approchez-vous un peu : voyez ces abeilles plus petites qui semblent fort occupées, qui vont et viennent, qui entrent dans la ruche et qui en sortent : ce sont les mulets ; leur abdomen est court, leurs mandibules en forme de cuillère, leur trompe est plus forte que celle des mâles.

» On distingue deux sortes d'ouvrières : les premières, qu'on nomme cirières, sont chargées de la récolte des vivres, de l'approvisionnement et de l'emploi de tout le matériel de construction ; les secondes ou nourrices, plus petites et plus faibles, sont faites pour la retraite, et toutes leurs fonctions se réduisent presque à l'éducation des petits, et aux soins à donner à l'intérieur du ménage.

HENRI.

Mais pourquoi ne font-elles pas leur nid, leurs gâteaux de cire sur les arbres, sur les chaumes, à la manière des guêpes?

M. DE VALMONT.

C'est que la matière qui compose ces gâteaux ne pouvant résister à l'intempérie des saisons, ces insectes ont préféré les cavités toutes faites par la nature, ou préparées pour eux par la main des hommes; aussi, trouvent-ils commode de rester installés dans ces ruches qu'on dispose pour eux, et il est rare que les abeilles les abandonnent.

HENRI.

Cependant je me souviens que, l'année dernière, un essaim est venu se placer sur un arbre de notre jardin, et que tu avais le droit de le garder, bien qu'il fût possible qu'il se fût échappé des ruches de notre voisin.

M. DE VALMONT.

Effectivement, je me le rappelle. Cela arrive quelquefois, et vient de ce que, par suite de pontes successives, une ruche est devenue trop petite pour contenir toute la population ; alors une troupe nombreuse quitte la mère patrie en forme d'essaim. Quelques signes particuliers annoncent aux cultivateurs la perte dont il est menacé. Il existe des moyens de les attirer dans une nouvelle ruche, et ce n'est que par négligence ou parce qu'il est occupé à d'autres travaux que le propriétaire les laisse s'échapper : dans ce cas, c'est un essaim perdu pour lui, si la personne qui le trouve dans sa propriété, où il est venu s'établir, veut absolument le garder.

» Je voudrais vous faire voir avec quel art les ouvrières chargées du travail intérieur font, avec la cire, les lames composées de deux rangs opposés de cellules ou alvéoles, et si bien disposées pour le logement et le passage de l'abeille que des géomètres distingués ont démontré que leur forme est d'une très-grande commodité, et qu'elles sont travaillées avec une extrême économie de cire. Toutes ces cellules sont égales, excepté celles de la reine, quelquefois au nombre de deux ou quatre, beaucoup plus grandes et presque cylindriques. Les cellules des mâles sont de grandeur moyenne, et placées çà et là dans la ruche.

» Ne t'approche pas autant de l'entrée de la ruche, Adolphe : ces mulets sont dangereux; on ne peut rien voir ainsi à l'intérieur, et les abeilles, lorsqu'on les dérange, sont terribles dans leur vengeance : elles se jettent en grand nombre sur la figure et les mains, et les couvrent de piqûres très-douloureuses et souvent mortelles à cause de leur multiplicité et des suites de l'inflammation. Un cheval avait donné un coup de pied à une ruche, qui en fut renversée; il fut assailli par l'essaim tout entier, et mourut dans des douleurs atroces.

» Je peux vous citer un autre fait plus curieux encore :

» Un général, de mes amis, qui avait été laissé avec un petit nombre d'hommes à la garde d'une forteresse mal défendue, se trouvant serré de près par des ennemis plus nombreux qui l'assiégeaient, profita plaisamment de ces dispositions guerrières des abeilles pour se tirer d'embarras. Il existait dans les jardins de cette petite redoute une vingtaine de ruches ; il les fait apporter doucement pendant la nuit sur les murs qu'il avait à défendre, et du côté où la brèche était déjà commencée par les assiégeants, et, le lendemain, lorsqu'il fut attaqué de ce côté, par tous les ennemis qui montaient déjà aux échelles, il fit précipiter sur eux les vingt ruches. A l'instant, ces pauvres bêtes, ainsi culbutées et violemment chassées de leur demeure, se précipitèrent avec fureur sur les assaillants, qui, aveuglés et horriblement blessés par les abeilles, prirent la fuite, et ce secours d'une nouvelle espèce donna à mon ami et à ses hommes le temps de faire, de l'autre côté, une honorable retraite.

HENRI.

Tous les moyens sont bons à la guerre, et celui-là en valait bien un autre. Oh ! je n'irai plus jouer autour des ruches.

M. DE VALMONT.

Pourvu qu'on ne les touche pas, qu'on ne les tourmente pas, on n'a rien à craindre ;

car ces intéressants petits animaux sont si laborieux, si actifs, à l'intérieur et à l'extérieur, qu'ils n'ont pas un moment à perdre. Aussitôt que la ponte a eu lieu, ce qui arrive au commencement de l'été, les mulets soignent les œufs avec la plus grande sollicitude. Lorsqu'ils sont éclos, ils en renferment les larves dans les cellules pour attendre la métamorphose, qui arrive après douze jours environ de réclusion. Alors les ouvrières nettoient les loges ou cellules, afin qu'elles soient prêtes à recevoir de nouveaux œufs.

Il n'en est pas de même des cellules royales où les femelles ou les reines viennent de naître : ces cellules sont détruites par les ouvrières, qui en reconstruisent d'autres s'il est nécessaire. Les œufs qui produisent les mâles sont pondus deux mois plus tard.

FRANCINE.

J'avais entendu dire que les abeilles d'une ruche en attaquaient une autre pour s'en emparer; est-ce vrai?

M. DE VALMONT.

Non, ma chère enfant; c'est une erreur

populaire : les abeilles se livrent quelquefois entre elles de violents combats, mais c'est seulement à l'époque où les mâles deviennent inutiles. Lorsque les femelles ont déposé leurs œufs, les ouvrières mettent à mort tous les mâles, et le carnage est terrible.

FRANCINE.

Cela est bien cruel.

M. DE VALMONT.

Cela arrive aussi parmi les animaux de certaines espèces. Les mâles, devenus inutiles aussitôt que les petits sont éclos, sont éloignés ou mis à mort. La nature n'a qu'un but, la propagation de l'espèce; et puisque les mâles laissent aux ouvrières tous les soins à donner à leur progéniture, et qu'ils sont incapables de les partager, leur présence est devenue inutile, nuisible peut-être, il faut qu'ils disparaissent.

HENRI.

Mais, papa, puisqu'il est si dangereux d'approcher des abeilles, et surtout de les tourmenter, comment fait-on alors pour s'emparer de leur miel et des gâteaux qu'on nous vend, dont la cire est employée à tant de choses?

M. DE VALMONT.

Aujourd'hui on a des moyens très-faciles. Dans des temps plus reculés, et encore dans quelques campagnes où les paysans ont conservé leur première ignorance, on faisait et on fait encore périr par le feu ces pauvres mouches pour s'emparer de leur miel; ce qui est absurde et cruel. Aujourd'hui, dans nos contrées plus éclairées, on dispose simplement une autre ruche, qu'on enduit de miel à l'intérieur, et un homme armé de gants épais et d'un masque de laiton, après avoir placé l'ouverture de la ruche préparée en face d'une autre ruche habitée, les deux entrées rapprochées, frappe la ruche remplie de mouches, et les chasse dans celle qui est vide; ce qui s'exécute en quelques instants. Lorsque toutes ont déménagé, on enlève la moitié des pains ou gâteaux de cire, tout remplis de miel, laissant l'autre partie dans l'ancienne ruche, afin qu'un autre essaim, venant en prendre possession, ait bientôt réparé et remplacé ce qui a été enlevé.

» Mais en voilà assez sur les abeilles; on ne peut tout dire en un jour; nous y reviendrons plus tard, lorsque nous nous occuperons de l'instinct et des mœurs des animaux.

» Maintenant, si vous voulez, nous allons faire le tour des murs d'enceinte de ce beau parc; nous remonterons par la vieille route, qui est si rapide : c'est le chemin qui sépare le parc, que nous allons quitter, de la propriété de M. Boudin de Vèvres. Autrefois elle appartenait à M. de Coulanges, oncle d'une dame célèbre, madame de Sévigné, dont vous lirez plus tard les lettres, encore considérées comme le modèle du style épistolaire le plus simple et le plus familier. »

Les enfants se mirent bientôt à courir dans la campagne; ils poursuivirent en vain quelques lépidoptères des champs; mais ils n'avaient pas leur lanet, et ceux qu'ils purent saisir furent bien vite gâtés, et ne purent être conservés. Mais tout à coup Adolphe s'arrêta au coin du mur qui fait l'angle de la grille du Petit-Val et de la montagne qui conduit à Sucy, et fit signe à son papa et à sa sœur qu'il avait découvert quelque chose.

HENRI.

Regarde, papa, cette espèce de bête cornue, presque noire, avec des pinces; elle a au moins un pouce de long; ses ailes sont transparentes, avec des raies noires, entre-coupées de blanc, elle se tient au fond d'un trou de sable fin.

M. DE VALMONT.

Oui, je la reconnais : c'est la larve du fourmi-lion, ainsi appelé à cause de la destruction qu'il fait des fourmis dont la chasse l'occupe et le nourrit. Vous voyez que son abdomen est très-volumineux proportion-nellement à son corps; sa petite tête est armée de deux longues mandibules, que tu as prises pour des cornes; elles sont dentelées à l'intérieur, pointues au bout, et lui servent à la fois de pinces et de suçoirs. Son corps est grisâtre plutôt que noir. Bien qu'il ait ses six pattes comme les autres insectes, il marche lentement et presque toujours à reculons. Ne pouvant ainsi saisir sa proie à la course, c'est par la ruse qu'il parvient à s'en emparer : ce trou, en forme d'entonnoir, au fond duquel il se tient, c'est un piége qu'il a fabriqué lui-même, en tournant et en creusant dans le sable fin, qu'il enlève avec sa tête, afin de vider le trou à mesure qu'il pénètre au fond. On le trouve tantôt au pied des arbres, tantôt au bas des murs exposés au soleil comme celui-ci.

» Vous voyez comme il se cache dans le sable au fond de l'entonnoir si artistement travaillé ; il ne laisse passer que ses mandibules ou pinces. Lorsqu'une fourmi imprudente tombe dans le précipice, il s'en saisit, et si elle cherche à s'échapper, il fait pleuvoir sur elle avec sa tête et ses mandibules une si grande quantité de sable qu'il l'étourdit et la fait rouler dans le trou ; il se jette dessus, là suce, et rejette ensuite loin de lui son cadavre.

» Nous allons nous en emparer ; il mérite de prendre place dans notre collection. »

Nos jeunes naturalistes rentrèrent bientôt à la maison pour se livrer à d'autres devoirs, espérant retourner bientôt à cette chasse d'insectes, dont la recherche les intéressait de plus en plus.

DEUXIÈME LEÇON.

—

— Depuis deux ou trois jours seulement
que tu nous entretiens de toutes ces mer-
veilles de la nature, disait, en dînant, Adolphe à son papa, combien je m'intéresse davantage à tout ce que je vois dans la campagne autour de nous ! je voudrais t'avoir toujours là, près de moi, pour te demander
comment se nomment telle mouche, tel
oiseau que je rencontre, à quoi ils peuvent
servir, comment ils vivent, comment ils meu-
rent. Que tu es heureux de savoir tout cela !

jamais je ne pourrais me souvenir de tous ces noms.

M. DE VALMONT.

Avec le temps, le peu que je t'aurai appris se classera dans ta tête. J'ai pu, dans ma jeunesse, m'y appliquer de bonne heure, et le goût m'en est venu comme à toi, parce que je me trouvais avec des personnes instruites et complaisantes, qui voulurent bien me faire étudier ces sciences. Je ne pourrai vous montrer, mes chers enfants, que ce que j'ai pu retenir; mais si vous êtes attentifs, avec de bons livres, vous pourrez achever ce que j'aurai seulement commencé.

FRANCINE.

Puisque tu es si bon, cher papa, je te demanderai le nom de cette petite bête noire que j'ai aperçue hier dans la cheminée et que je n'ai pas osé prendre.

HENRI.

Quoi, ce cri-cri, qui chante si tristement vers le soir.

M. DE VALMONT.

C'est le grillon domestique, dit grillon des

boulangers, qui en sont incommodés à cause du grand nombre attiré chez eux par la
chaleur du four et par la farine, dont ils se
nourrissent volontiers; ils redoutent le froid.
On les croit originaires des pays chauds,
puisqu'ils habitent, de préférence, les che-
minées et les crevasses des fours, où ils
trouvent une chaleur capable de les natura-
liser dans nos contrées.

» Des naturalistes modernes prétendent
que les grillons, se tenant constamment à
une grande chaleur, sont toujours altérés ;
qu'on les trouve fréquemment noyés dans
des vases remplis de liquide, et qu'on en a
vu ronger des vêtements mouillés, qu'on
avait fait sécher au feu.

FRANCINE.

Mais ne dit-on pas aussi qu'il y a des cris-
cris dans la campagne?

M. DE VALMONT.

C'est encore un grillon, appelé grillon
champêtre; il est plus gros que celui dont
nous venons de nous occuper ; il se plaît
aussi dans les terrains chauds, exposés au
soleil et sablonneux ; il s'y établit et y creuse

son terrier avec ses fortes mandibules. La femelle y pond une quantité d'œufs au milieu de l'été.

» Les petits paysans s'amusent à faire sortir l'insecte de son trou, en y introduisant un fil auquel ils attachent une fourmi. Le grillon suit cet appât, qu'on retire doucement à mesure qu'il avance; alors on peut le prendre. On lui présente aussi un brin de paille, dont il se saisit avec ses mandibules, sans le quitter lorsqu'on s'empare de lui; au reste, c'est un animal fort inoffensif, et très-doux.

» Les larves naissent à la fin du mois de juillet, d'un œuf blanc sale qui se trouve collé à la terre au moyen d'une gomme qui lui est adhérente. On rencontre ces larves le soir; elles traversent les chemins en sautant, surtout après les orages et les pluies : l'humidité les fait fuir.

» Soit comme larves, soit à l'état de nymphes, ces insectes ne font entendre aucun son; mais, devenu insecte parfait, le mâle a la propriété de chanter, ou plutôt de faire entendre des sons, car il ne chante pas, comme vous pourriez le croire. Ecoutez bien ceci, mes enfants : le bruit que vous entendez est produit par les élytrés ou ailes dures du grillon, qu'il frotte rapidement l'une contre l'autre. On a donné le nom d'archet à une des nervures de l'élytre inférieur, appelé chanterelle. Ses ailes sont comme des cordes sonores incrustées dans sa peau; on a comparé cette espèce d'instrument à un tambour de basque divisé en un grand nombre de compartiments par des lames dont les vibrations, provoquées par le frottement de l'archet, donnent les sons. Cela est si vrai qu'on peut, sur un grillon mort, en soulevant les élytres et en les frottant l'un contre l'autre, à l'aide d'une épingle dont on passe la pointe sur l'archet, rendre des sons, sinon aussi forts que dans son état de vie, du moins suffisants pour en reconnaître la stridulation.

FRANCINE.

C'est vraiment incroyable : voilà un musicien d'une nouvelle espèce qui chante avec son dos au lieu de donner ses sons avec la voix.

» Oh ! qu'on a bien raison de dire que le plus petit insecte est à lui seul un hymne à la gloire de Dieu! Oh! que de puissance ! oh ! que de sagesse !

M. DE VALMONT.

Ajoute encore : Oh ! que de bonté ! Et il y a cependant des hommes ingrats, des hommes qui ne voient que du hasard dans tous les ravissants phénomènes de la nature !

HENRI.

Tu disais que c'était un animal très-inoffensif et peu nuisible; cependant le jardinier les tue impitoyablement lorsqu'il les rencontre, à ce qu'il m'a dit.

M. DE VALMONT.

Ce n'est pas du tout le même : c'est une troisième espèce, appelée grillon-taupe, ou plutôt courtillière, d'un vieux mot français qui veut dire jardin.

» La courtillière est plus grosse que le grillon champêtre ; elle a presque le volume de ton petit doigt; sa tête et son corselet ressemblent à la tête de l'écrevisse ; elle a deux pattes antérieures larges, à la manière des taupes, qui lui servent à creuser les galeries souteraines.

» Elle est, en effet, le désespoir du jardinier, dont elle boulverse toutes les plantes, en passant à travers les racines ; car ses galeries sont creusées dans tous les sens plus ou moins profondément, et quelquefois presque à la surface du sol. On conçoit que de semblables galeries, pratiquées par des animaux dont la fécondité est prodigieuse, occasionent de très-grands ravages dans les endroits où elles se trouvent. Que les végétaux servent ou non à la nourriture des courtillières, ils n'en sont pas moins détruits lorsqu'ils se trouvent sur le passage de ces mineuses, qui ravagent de préférence les plants de laitues. Lorsque les chaleurs de l'été commencent, les mâles se placent à l'entrée de ces galeries souterraines, et font entendre, à la manière du grillon, une faible stridulation pour appeler les femelles. Celles-ci construisent un nid qui doit recevoir leurs œufs; elle choisissent un terrain assez ferme pour résister à l'action de la pluie. Après avoir tracé une galerie circulaire, elles

2.

e creusent une nouvelle retraite à quelques pouces de celle où elles ont déposé les œufs, tantôt vers le milieu, tantôt vers la fin du printemps. Le nombre s'élève à deux ou trois cents environ; ils sont allongés, et d'un blanc jaunâtre et luisant; ils éclosent ordinairement au bout d'un mois. Les jeunes larves sont blanches en sortant de l'œuf, et ce n'est qu'au printemps suivant qu'elles passent à l'état de nymphes, et que les ailes commencent à se manifester, après la quatrième ou la cinquième.

» On reconnaît qu'un des endroits du potager est ravagé par ces animaux lorsque les feuilles des plantes sont jaunes et fanées, et qu'on remarque sur le sol des petits tas de terre dans la forme de ceux occasionés par les taupes, mais nécessairement plus petits.

FRANCINE.

C'est égal, je m'intéresse aussi à ces nouveaux grillons, et je tâcherai d'en attraper un aujourd'hui pour lui donner une place dans notre collection.

M. DE VALMONT.

Tache d'en prendre quelques centaines,
tu rendras un grand service à notre jardinier, qui se plaint beaucoup de leur dé-
gât.

FRANCINE.

A quoi bon toutes ces bêtes si nuisibles
sur la terre? Ne vaudrait-il pas mieux qu'elles n'existassent pas?

M. DE VALMONT.

Je ne peux de suite me prononcer là-des-
sus, mais je suis convainu, bien que je ne
puisse t'en donner des preuves positives à
l'instant même, que la Providence n'a rien
fait d'inutile, et que tous ces animaux ont été
créés avec un but qu'il est facile de découvrir
lorsqu'on s'occupe avec soin de l'étude de
leurs mœurs et de leurs habitudes.

FRANCINE.

Mais, mon cher papa, il y en a qui ne
font que du mal : ce perce-oreille que j'ai
écrasé ce matin, par exemple.

M. DE VALMONT.

Tu parles, ma chére Francine, comme les

enfants ignorants ou les paysans sans ins-
truction, qui restent toute leur vie sous l'in-
fluence des préjugés populaires les plus ri-
dicules. Le perce-oreille, appelé ainsi du
mot latin *forficula*, que l'on a rendu en
français par celui qu'il porte, attaque les
fruits, dévore même les cadavres des insectes de son espèce ; leur pince abdominale,
qui varie de forme dans les différentes espé-
pèces (car on en connaît un assez grand nombre) lui sert d'arme défensive, quoique peu
redoutable ; là se borne tout le mal qu'il
peut faire. Dans des temps loin de nous, on
s'imaginait que ces insectes, que par ignorance on regardait comme si dangereux,
s'introduisaient dans les oreilles, pénétraient
ensuite dans le cerveau, et faisaient périr les
infortunés qu'ils attaquaient. Toutes ces
niaiseries sont autant de contes faits pour
amuser les bonnes d'enfants, par la raison
toute simple que ceux qui ont étudié l'ana-
tomie de l'oreille savent parfaitement qu'une
pareille introduction est impossible dans
l'intérieur du cerveau, attendu qu'il n'y a
pas d'ouverture qui y communique.

HENRI.

Alors il ne fallait pas lui laisser ce nom de perce-oreille qui fait peur aux petits garçons et aux grandes demoiselles comme Francine.

FRANCINE.

Ce matin encore, mon grand frère Adolphe en avait autant de frayeur que moi.

M. DE VALMONT (riant).

Vous n'en aurez plus peur demain, et même je suis sûr que vous oserez le prendre dans vos doigts, malgré son agilité extrême; vous remarquerez alors qu'il exhale une odeur très-prononcée d'acide sulfurique.

» Il y a deux espèces de perce-oreille : le grand, qui a six lignes de long, est brun, avec une tête rousse, les bords du corselet grisâtres, et les pieds d'un jaune d'ocre ; le petit est moindre des deux tiers, et plus foncé en couleur : on les trouve dans les endroits sombres et humides, sous les pierres et au milieu des ordures.

» La femelle pond des œufs blancs ; elle les place sous elle et semble les couver. La jeune larve est énorme en comparaison du volume de l'œuf d'où elle sort, de sorte que leur corps y est extrêmement comprimé.

» Les larves témoignent beaucoup d'attachement pour leur mère, qu'elles ne quittent pas, et la mère leur donne d'aussi grandes preuves de tendresse et de sollicitude que la poule pour ses petits. Vous pouvez vous en convaincre en levant doucement une pierre laissée depuis longtemps dans une cave; vous serez facilement témoins, en les observant avec une lumière, des soins dont la mère entoure sa couvée. Souvenez-vous, enfants, que cette espèce est de l'ordre des orthoptères, c'est à dire à ailes courtes.

TROISIÈME LEÇON.

—

Le lendemain Henri, qui croyait avoir
beaucoup réfléchi sur ce qu'il avait vu la
veille, disait à son papa d'un air de petit doc-
teur : «C'est égal, si le monde était à refaire,
si j'avais la toute-puissance de Dieu, et que
je fusse chargé de peupler de nouveau la
terre, je ne voudrais pas que des animaux
qui me paraissent aussi inutiles que des
courtillières et tant d'autres fussent si pro-
ductifs. Qu'ils soient bons ou non à quelque

chose, à quoi bon si souvent trois cents œufs à la fois ? »

M. DE VALMONT.

Mon pauvre enfant, je t'engage à lire aujourd'hui la jolie fable de La Fontaine qui a pour titre le Gland et la Citrouille, et tu m'en diras des nouvelles ; en attendant le fruit de cette lecture, sache, Henri, que la fécondité des courtillières dont tu te plains, n'est rien en comparaison de celle de quelques autres animaux ; rapelle-toi ces petits insectes noirs que je t'ai fait voir l'autre jour lorsque tu m'apportais ces feuilles de groseiller toutes remplies de vessies : c'étaient autant de fourmillières de petits pucerons, que nous trouvâmes à l'intérieur de la boursoufflure. Eh bien ! leur fécondité est tout autrement prodigieuse et étonnante : une seule femelle met au monde des petits tout vivants, à la manière des quadrupèdes ou des mammifères : les femelles de ces petits nouveaux-nés sont également pleines en naissant ; elles mettent bas d'elles-mêmes, et de la même manière, des petits tout vivants ; il en est de même jusqu'à la neuvième géné-

ration, et cela en trois mois seulement ! **On**
en a la preuve certaine en isolant une femelle. Jugez de la mnultitude inombrable
qu'il résulte d'une telle fécondité ; cependant
ces petits animaux ne servent qu'à la nourriture de divers insectes, et particulièrement
des fourmis, qui sont friandes d'une matière
sucrée que les pucerons rendent par deux
tuyaux creux qu'ils ont à l'abdomen ; on ne
les connaît que par le mal qu'ils font aux
plantes, qu'ils sucent avec leur trompe, et
qu'ils couvrent de leurs nids. Ils vivent en
société. Ils ne sautent pas, ils marchent lentement. Chaque société offre au printemps
et en été des pucerons aptères, c'est à dire
sans ailes et demi-nymphes, dont les ailes
doivent se développer. Lorsque les neuf gé-
nérations pondues successivement par les
femelles sent bien vivantes et répandues
dans les environs, c'est à cette époque seulement que les dernières femelles pondent
des œufs qui sont déposés sur les branches
des arbres où ils passent l'hiver, et d'où sortent, au printemps suivant, des courtillières

qui se multiplient d'elles-mêmes et prodigieusement, sans le secours des mâles.

HENRI.

C'est merveilleux, sans doute, une telle fécondité, mais j'en reviens toujours à ce que je disais : à quoi bon toutes ces bêtes qui n'ont d'autre utilité que celle de nourrir les fourmis et d'autres insectes, tandis qu'elles nous tourmentent et détruisent nos plantes et nos fleurs?

M. DE VALMONT.

Rien n'est inutile dans la création, mon cher enfant : une cause souverainement sage ne produit pas d'effets sans raison, à prendre les choses au point de vue égoïste que tu as adopté, savoir, que les animaux seulement agréables à l'homme devraient exister. Il sera facile de te faire voir plus tard que toutes ces créatures, ces insectes qui se détruisent, remplissent, par cela même, le but de la Providence, qui n'a pas voulu que le monde, que la terre enfin fût bientôt couverte d'un trop grand nombre d'animaux, qu'elle ne pourrait nourrir, et qui a organisé au contraire les choses de telle sorte, par une excessive prévoyance, que les animaux se succèdent les uns aux autres, se nourris-sent les uns au moyen des autres, les hommes en mangeant des animaux de toute espèce, et ceux-ci en se dévorant mutuellement, et enfin que les cadavres eux-mêmes, qui bientôt couvriraient la terre, et y causeraient infailliblement la peste, soient aussi dévorés par une multitude d'insectes et d'animaux qui y trouvent leur nourriture, et en débarassent la terre, qui, sans cela, serait bientôt inhabitable.

HENRI.

En effet, mon cher papa, je n'avais pas pensé à cela.

M. DE VALMONT.

Tu vois bien, mon ami, qu'il ne faut pas se prononcer sans réflexion ; ce qui est fait est bien fait, il faut le croire ainsi, et seulement tâcher de s'instruire en cherchant l'utilité de chaque chose et d'en tirer notre profit. Encore si bien et si longtemps que nous cherchions, nous serons toujours à voir devant nous s'agrandir un horizon infini. Ta sœur disait : « Ah! que Dieu est

3.

grand! » disons , nous, en dépit de notre art
et de notre science : « Eh! que l'homme est
petit , et qu'il sait peu de chose !

» Venez, maintenant avec moi : j'ai à
vous montrer la larve de la frigane , que
nous trouverons au bord du ruisseau qui
traverse les propriétés de M. de Merval, qui
a bien voulu nous permettre de nous y pro-
mener et d'y faire nos collections. Il faut
dire d'abord qu'à l'état parfait les friganes
sont de petites mouches à quatre ailes , de
la famille des névroptères, et qu'on les appelle mouches papillonacées , sans doute
parce que leur corps est hérissé de poils ,
et qu'il forme , avec les ailes , un triangle
allongé ; elles ont les pattes longues. Vous
les voyez souvent , le soir , pénétrer dans
les appartements , attirées par la lumière;
elles sont d'une vivacité extrême ; elles ont
une mauvaise odeur. C'est au bord de l'eau
que les femelles pondent leurs œufs ; c'est
pourquoi nous allons les y trouver à l'état
de larves.

» Tenez, nous y voici arrivés. Baisse-toi,
Henri. Tu vois dans l'eau , sur ce bord , des

espèces de tuyaux; prends-en un. N'aie pas peur. La frigane est dedans et s'y cache.

Regarde comme ces petits morceaux de bois, de racines, dont elle a fait sa maison, sont artistement liés ensemble par des fils de soie qu'elle fait sortir de sa lèvre, à la manière des chenilles, des lépidoptères ! L'intérieur de l'habitation forme un tube qui est ouvert aux deux bouts pour le passage de l'eau. La larve traîne toujours son fourreau avec elle, fait sortir seulement l'extrémité de son corps lorsqu'elle veut marcher, mais ne quitte jamais sa maison, et chercherait à y rentrer si tu l'en arrachais de force.

» Tiens, voilà qu'elle sort un peu : tu vois comme sa forme est allongée, sa tête écailleuse pourvue de fortes mandibules et d'un petit œil de chaque côté; elle a six pattes, dont les deux antérieures plus courtes et ordinairement plus grosses.

» Lorsque ces larves veulent se transformer en nymphes, elles se fixent à différents corps, mais toujours dans l'eau ; elles ferment alors les deux ouvertures avec une

porte grillée , dont la forme, ainsi que celle
des tuyaux , varie selon les espèces ; car il
y a quinze espèces de friganes. Elles ont
soin de fixer et d'arrêter leur demeure por-
tative de manière que l'ouverture située au
point d'appui ne soit point bouchée ; car
c'est par là qu'elles doivent s'envoler lorsqu'elles seront devenues petits papillons.
Tu pourras en voir ce soir en plaçant une
bougie allumée auprès de la fenêtre ouver-
te : elles arriveront; tu pourras remar-
quer la rapidité de leurs mouvements et
leurs ailes tantôt grises , tantôt noirâtres ,
et quelquefois arrondies ; il y en a qui ont
les antennes deux ou trois fois plus longues
que le corps.

QUATRIÈME LEÇON.

—

Quelques jours après ces diverses leçons
que nous avons mises sous les yeux de nos
jeunes lecteurs, les enfants, que d'autres
occupations avaient retenus à la maison,
se trouvaient dans le jardin avec leur excellent père. Francine lui dit :

— Mon cher papa, parmi les insectes qui
nous entourent, il en est un que je n'aime
pas, dont j'ai peur ; je voudrais bien t'en-

tendre nous en parler un peu : c'est l'araignée.

HENRI.

Oh ! oui, papa, je ne l'aime pas non
plus.

M. DE VALMONT.

Vous êtes bien difficiles, mes chers enfants, ou plutôt bien ignorants; c'est un
des insectes sur lesquels il y a le plus à
dire, un de ceux qui sont les plus dignes de
notre attention et de nos observations; il
y a des volumes à écrire sur un tel sujet, et
un savant distingué, M. de Walkenaer, ancien secrétaire-général de la préfecture de
la Seine, a fait, sur les araignées, un ouvrage complet, qui est devenu classique
pour tout le monde. Je n'ose vraiment
aborder un tel sujet, et tout concis que je
veux être, vous ne pourrez m'écouter jusqu'au bout, malgré tout l'intérêt qu'inspirent ces petits êtres, si laborieux et si intelligents.

FRANCINE.

Dis toujours, cher papa; je te promets

que nous t'écouterons avec attention jus-
· qu'au bout.

M. DE VALMONT. ·

A la bonne heure. Il faut d'abord que
je vous dise que les araignées , appelées
arachnides par les entomologistes , sont,
comme les crustacés , dépourvus d'ailes ,
et ne sont point , pareillement, sujettes à
changer de forme , ou n'éprouvent pas de
métamorphoses , mais de simples mues.
Elles diffèrent de ces animaux , ainsi que
des insectes, en plusieurs points ; de même
que dans ceux-ci , leur corps offre à sa surface des ouvertures ou fentes transverses
nommées *stigmates*, qui veut dire *bouche-
à-air* , destinées à l'entrée de l'air ; ces
ouvertures sont en très-petit nombre , huit
au plus , et plus communément deux , et
uniquement situées à la partie inférieure
de l'abdomen. La respiration chez ces animaux s'opère au moyen de branchies aérien-
nes , faisant l'office de poumons , renfer-
mées dans des poches dont ces ouvertures
ferment l'entrée. Les organes de la vision
ne consistent qu'en de simples petits yeux

3..

lisses , groupés de diverses manières lors
qu'ils sont nombreux. La tête , ordinairement confondue avec le thorax , ne présente , à la place des antennes , que deux
pièces articulées , en forme de petites ser-
res , qu'on a mal à propos comparées aux
mandibules des insectes , se mouvant en
sens contraire de celles-ci ou autrement de
haut en bas , coopérant néanmoins à la
manducation , et remplacées , dans les
arachnides , dont la bouche est en forme de
siphon ou de suçoir , par deux lames pointues , servant de lancettes.

HENRI.

Elles ont des lancettes !

M. DE VALMONT.

Qui ne sont pas dangereuses pour nous.
La plupart des arachnides se nourrissent
d'insectes qu'elles saisissent vivants, ou sur
lesquels elles se fixent et dont elles sucent
les humeurs ; d'autres vivent, en parasites,
sur des animaux vertébrés , c'est-à-dire qui
ont un squelette ; il en est cependant que
l'on ne trouve que dans la farine , sur le
fromage, et même sur divers végétaux.

» Celles qui se tiennent sur d'autres animaux s'y multiplient en grand nombre. Dans quelques espèces, deux de leurs pattes ne se développent qu'avec un changement de peau, et, en général, ce n'est qu'après la quatrième ou cinquième mue au plus que les femelles de cette classe deviennent mères.

FRANCINE.

Il y a donc un bien grand nombre d'espèces d'araignées?

M. DE VALMONT.

On divise ces animaux en deux ordres. Les unes ont des sacs pulmonaires, un cœur avec des vaisseaux bien distincts : c'est l'ordre des arachnides pulmonaires; les autres respirent par des trachées, et ne présentent point d'organe de circulation complète. Le nombre des yeux lisses est de quatre au plus. Ces arachnides forment l'ordre des trachéennes. La première famille des arachnides pulmonaires, celle des fileuses, se compose des araignées; elles ont des palpes en forme de petits pieds, sans pinée au bout, terminées, dans les femelles, par un petit crochet, et dont le dernier article renferme, chez les mâles, divers appendices plus ou moins compliqués. Le thorax, qui a la forme d'un V, indique l'espace occupé par la tête, et n'a qu'un seul article, auquel est suspendu en arrière, au moyen d'un pédicule court, un abdomen immobile et extraordinairement mou, qui est muni, au-dessous de l'anus, de quatre à six mamelons charnus, au bout cylindrique ou conique, articulés, très-rapprochés les uns des autres, et percés, à leur extrémité, d'une infinité de petits trous pour le passage de fils soyeux d'une extrême ténuité. Les pieds, de forme identique, mais de grandeurs variées, sont composés de sept articles.

» A l'égard des yeux lisses, on remarque qu'ils brillent dans l'obscurité comme ceux des chats, et que les araignées ont vraisemblablement la faculté de voir de jour et de nuit.

» L'abdomen des aranéides se putréfie et s'altère tellement après la mort que ses couleurs et même ses formes sont méconnaissables. On est parvenu cependant, au moyen d'une dessication très-prompte , à remédier , autant que possible , à cet inconvénient , lorsqu'on veut les conserver dans les collections.

» La soie subit une première élaboration dans deux petits réservoirs ayant la figure d'une larme de verre. Au sortir des mamelons , les fils de soie sont gluants ; il leur faut un certain degré de dessication ou d'évaporation d'humidité pour pouvoir être employés ; mais il paraît que , lorsque la température est propice , un instant suffit pour les sécher , puisque ces animaux s'en servent aussitôt qu'ils s'échappent de leurs filières.

» Ces flocons blancs et soyeux que l'on voit voltiger au printemps et en automne, les jours où il y a du brouillard , et qu'on nomme vulgairement fils de la Vierge, sont certainement produits , ainsi que l'on s'en est assuré en suivant leur point de départ , par diverses jeunes aranéides , notamment des épéires et des thomises ; ce sont principalement les grands fils qui doivent servir d'attache aux rayons de la toile , ou ceux qui en composent la chaîne , et qui , devenant plus pesants à raison de l'humidité, s'affaissent , se rapprochent les uns des autres et finissent par se réunir en pelotons; on les voit souvent se réunir près de la toile commencée par l'animal et où ils se tient.

» Il est d'ailleurs probable qué beaucoup de ces aranéides n'ayant pas encore une provision abondante de soie, se bornent à en jeter au loin de simples fils. C'est , à ce qu'il paraît , à de jeunes lycoses qu'il faut attribuer ceux que l'on voit , en grande abondance , croisant les sillons des terres labourées. Lorsqu'ils réfléchissent la lumière du soleil , analysés chimiquement , ces fils de la Vierge offrent précisément les mêmes caractères que la soie des araignées.

» On est parvenu à fabriquer avec cette soie des bas élégants; mais ces essais n'étant point susceptibles d'une application en grand, et étant sujets à beaucoup de difficultés , sont plus curieux qu'utiles.

» C'est avec cette matière que les aranéides sédentaires, c'est-à-dire celles qui ne vont pas à la chasse de leur proie, ourdissent ces toiles, d'un tissu plus ou moins serré, dont les formes et les positions varient selon les habitudes propres à chacune d'elles, et qui sont autant de piéges où les insectes dont elles se nourrissent se prennent ou s'embarrassent. A peine s'y trouvent-ils arrêtés, au moyen des crochets de leurs tarses, que l'aranéide, placée tantôt au centre de son réseau ou au fond de sa toile, tantôt dans une habitation particulière située auprès et dans l'un de ses angles, accourt, s'approche de l'insecte, fait tous ses efforts pour le piquer avec son dard meurtrier, et distille dans sa plaie un poison qui agit très-promptement. Lorsque l'insecte oppose une trop forte résistance, ou qu'il serait dangereux pour elle de lutter avec lui, elle se retire un instant afin d'attendre qu'il ait perdu de ses forces, ou qu'il soit plus enlacé; ou bien, si elle n'a rien à craindre, elle s'empresse de le garroter en dévidant autour de son corps des fils de soie qui l'enveloppent quelquefois entièrement et forment une couche qui le dérobe à nos regards.

» Un autre emploi de la soie, commun à toutes les aranéides femelles, a pour objet de construire des coques destinées à renfermer leurs œufs. La contexture et la forme de ces coques sont diversement modifiées selon les habitudes des races : elles sont généralement sphéroïdes (en boule), quelques-unes ont la forme d'un bonnet ou celle d'une timbale; on en connaît qui sont portées sur un pédicule, ou qui se terminent en massue; des matières étrangères, comme la terre, des feuilles, les recouvrent quelquefois, du moins partiellement. Un tissu plus fin ou une sorte de bourre ou de duvet enveloppe souvent les œufs à l'intérieur. Ils y sont libres ou agglutinés, et plus ou moins nombreux. La reproduction de ces insectes dans nos climats a lieu depuis la fin de l'été jusqu'à la fin de septembre. Les œufs pondus les premiers éclosent souvent avant la fin de l'automne; les autres passent l'hiver. On a remarqué que les femelles de quelques espèces de lycosses ou araignées-loups déchirent la coque des œufs lorsque les petits doivent éclore. Les nouveaux-nés grimpent sur le dos de leur mère et s'y tiennent pendant quelque temps. D'autres aranéides femelles portent leurs cocons sous le ventre, ou veillent à leur conservation en les fixant auprès d'elles. Les pattes postérieures ne se développent, dans quelques-uns de ces insectes, que quelques jours après leur naissance. Il en est qui, à la même époque, se rassemblent pendant quelque temps en société et paraissent filer en commun. Leurs couleurs alors sont souvent uniformes, et le naturaliste qui aurait peu d'expérience pourrait multiplier mal à propos les espèces. On a observé que ces animaux jouissaient, ainsi que les crustacés, de la faculté de régénérer les membres perdus : ainsi, si une écrevisse peut voir une de ses pinces se renouveler après avoir été cassée, de même l'araignée a le même avantage pour une de ses pattes.

» On a aussi constaté qu'une seule piqûre d'aranéide de moyenne taille fait périr notre mouche domestique dans l'espace de quelques minutes ; il est encore certain que la morsure de ces grandes aranéides de l'Amérique méridionale, qui sont connues sous le nom d'araignées crabes, et que l'on range dans le genre migale, donne la mort à de petits animaux vertébrés, tels que de petits oiseaux, comme des colibris, des pigeons, et peut produire dans l'homme un accès violent de fièvre ; la piqûre même de quelques espèces de nos climats méridionaux a été quelquefois mortelle. On peut donc, sans adopter toutes les fables qu'on a débitées sur le compte de la tarentule, se méfier, surtout dans les pays chauds, de la piqûre des aranéides, et particulièrement des grosses espèces. Les araignées ont aussi leurs ennemis. Diverses espèces d'insectes du genre sphex saisissent des aranéides, les percent de leur aiguillon et les transportent dans les trous où elles déposent leurs œufs, afin qu'elles servent de pâture à leurs petits. La plupart de ces animaux périssent à l'arrière-saison ; mais il en est qui vivent plusieurs années, et de ce nombre sont les mygalés, les lycosses, et probablement plusieurs autres.

Il y en a une autre espèce du genre dit clotho : c'est l'uroctée maculée. On la trouve dans les montagnes de Narbonne, dans les Pyrénées et dans les rochers de la Catalogne. Elle établit à la surface inférieure des grosses pierres, ou dans les fentes des rochers, une coque en forme de calotte ou de patelle, d'un bon pouce de diamètre. Son contour présente sept ou huit échancrures, dont les angles seuls sont fixés sur la pierre au moyen de faisceaux de fil, tandis que les bords sont libres. Cette singulière tente est d'une admirable texture : l'extérieur ressemble à un taffetas des plus fins, formé, suivant l'âge de l'ouvrière, d'un plus ou moins grand nombre de doublures : ainsi, lorsque l'uroctée, encore jeune, commence à établir sa retraite, elle ne fabrique que deux toiles, entre lesquelles elle se tient à l'abri ; par la suite, à chaque mue, elle ajoute un certain nombre de doublures ; enfin, lorsque l'époque marquée pour la reproduction arrive, elle tisse un appartement tout exprès, plus duveté, plus moelleux, où doivent être renfermés et les sacs des

œufs et les petits récemment éclos. Quoique
la calotte extérieure ou le pavillon soit, à
dessein sans doute, plus ou moins sali par
des corps étrangers qui servent à marquer
la présence, l'appartement de l'industrieuse
fabricante est toujours d'une propreté re-
cherchée. Les poches ou sachets qui renferment les œufs sont au nombre de quatre,
de cinq ou même de six pour chaque habitation ; ces poches ou sachets ont une forme
lenticulaire et ont plus de quatre lignes de
diamètre ; elles sont d'un taffetas blanc comme la neige, et fournies intérieurement d'un
édredon des plus fins. Ce n'est que vers la
fin d'octobre ou de décembre que la ponte a
lieu. Il fallait prémunir la progéniture contre la rigueur de la saison et les incursions
ennemies, tout a été prévu : le réceptacle
de ce précieux dépôt est séparé de la toile
qui recouvre la pierre par un duvet moelleux, et de la calotte extérieure par les divers étages dont il est parlé. Parmi les
échancrures qui bordent le pavillon, les
unes sont tout à fait closes par la continuité
de l'étoffe, les autres ont leurs bords sim-

plement superposés, de manière que l'uroctée, soulevant ceux-ci, peut, à son gré,
sortir de sa tente et y rentrer. Lorsqu'elle
quitte son domicile pour aller à la chasse,
elle a peu à redouter sa violation ; car elle
seule a le secret des échancrures impéné-
trables et la clé de celles où l'on peut s'introduire. Lorsque les petits sont en état de
se passer des soins maternels, ils prennent
leur essor et vont établir ailleurs leurs loge-
ments particuliers, tandis que la mère vient
mourir dans son pavillon. Ainsi ce dernier
est en même temps le berceau et le tombeau
de l'uroctée.

Je ne finirais pas, mes chers enfants, si
je continuais à vous entretenir de toutes les
espèces; qu'il vous suffise de savoir que,
dans notre pays, aux environs de Paris,
par exemple, l'araignée, quelque soit son
volume, ne peut faire de mal à l'homme. En
la regardant de près, sa forme, sa couleur,
ne sont pas aussi désagréables qu'on le croit
généralement; dans tous les cas, nous devons
avoir quelque égard pour ses talents, son

intelligence et son utilité; car elle nous débarrasse d'un grand nombre de mouches incommodes.

CINQUIÈME LEÇON.

—

Henri et Francine avaient tellement été frappés de l'admirable industrie des araignées, ces fileuses infatigables et habiles dont leur père leur avait, en quelque sorte, seulement indiqué les mœurs dans la dernière leçon, qu'ils s'étaient bien promis d'y revenir encore.

— Notre bon père, disait Francine à Henri, craint de nous fatiguer en nous entretenant trop longtemps sur le même sujet; voilà pourquoi il nous dit qu'il lui faudrait des volumes s'il voulait nous raconter l'histoire de toutes les araignées ; il nous prend pour ces petits enfants paresseux et incapables d'écouter avec attention des descriptions si amusantes, si instructives, parce que ces animaux ont reçu des noms avec lesquels nous ne sommes pas encore bien familiarisés. Si tu veux, mon frère, nous trouverons un moyen pour l'engager à nous faire connaître encore les autres araignées ; car j'en ai vu dans le jardin, le long des murs, sur la terre, sur les arbres, dont il ne nous a pas parlé du tout.

HENRI.

Mais quel moyen ? Si papa a autre chose à nous montrer...

FRANCINE.

Le moyen est tout simple : viens dans le jardin, emparons-nous de quelques-unes de ces petites bêtes dont il ne nous a pas parlé, et je le connais, ce cher papa, une fois lancé dans la description de celles-là, nous obtiendrons de lui l'histoire de toutes les autres.

Le petit complot de ces chers enfants réussit parfaitement : ils allèrent dans le jardin, et bien que cela leur donnât quelque peine, ils s'emparèrent avec courage (car leur ancienne répugnance n'était pas encore complétement surmontée) de toutes les petites araignées qu'ils purent attraper sur les arbustes, les plantes, le long des murailles et au bord de la petite pièce d'eau, et munis de ce butin, ils coururent tout joyeux, embrasser M. de Valmont.

HANRI.

Vois, vois, papa, des araignées dont tu ne nous a pas parlé hier : que font-elles? comment s'appellent-elles? Regarde cette petite toute ronde, que j'ai prise courant à terre ; son thorax ou corselet est fauve, recouvert d'un duvet soyeux et pourpré, avec son petit ventre ou abdomen, comme tu dis, bleu, vert et rouge, elle brille comme du métal. Mon Dieu! comme elle est jolie !

M. DE VALMONT.

Je le crois bien : c'est le drasse reluisant; on le trouve, en effet, aux environs de Paris. Mais nous n'en finirions pas si nous les passions toutes en revue.

FRANCINE.

Et celle-ci, papa, que j'ai trouvée sur l'eau ?

M. DE VALMONT.

C'est l'argyronète aquatique ; elle est d'un brun noirâtre, avec l'abdomen plus foncé et soyeux ; elle a sur le dos quatre points enfoncés.

» Elle vit dans nos eaux dormantes, y nage et s'y forme pour retraite une coque ovale remplie d'air, tapissée de soie, de laquelle partent des fils dirigés en tous sens et attachés aux plantes des environs. Elle y guette sa proie, y place son cocon, qu'elle garde assidûment, et s'y renferme pour passer l'hiver.

FRANCINE.

Et cette petite?...

M. DE VALMONT.

C'est de l'ordre des théridions ; nous en avons un dont on a étudié avec beaucoup de soin les habitudes ; c'est le théridion bienfaisant ; il s'établit entre les grappes de raisin, et les garantit de l'attaque de plusieurs insectes. Mais, puisque cela vous intéresse, mes chers enfants, continuons l'histoire des araignées ; j'en ai quelques-unes encore dans ma collection.

Les enfants, enchantés, se regardèrent en souriant. M. de Valmont continua :

» Les épéires d'abord, qui ont les deux yeux de chaque côté rapprochés par paires et presque contigus, et les quatre autres formant au milieu un quadrilatère.

L'épéire cucurbitine est la seule connue dont la toile soit horizontale ; celle des autres est verticale ou quelquefois incliné : les unes s'y placent au centre, le corps renversé ou la tête en bas ; les autres se font auprès une demeure, tantôt cintrée de toutes parts, tantôt en forme de tube soyeux. La toile de quelques espèces exotiques est composée de fils si forts qu'elle arrête les petits oiseaux. Ce sont les araignées de ce genre que l'on pourrait cultiver avec le plus davantage pour en obtenir de la soie.

Les naturels de la Nouvelle-Hollande et ceux de quelques îles de la mer du Sud man-

gent, au défaut d'autres aliments, une espèce d'épéire.

FRANCINE.

Quelle horreur !

M. DE VALMONT.

Nous n'en savons rien ; c'est peut-être
bon. Les épéires sont généralement remarquables par la variété de leurs couleurs, de
leurs formes et de leurs habitudes. Tenez,
voyez l'épéire-diadème, grande, roussâtre,
veloutée. Les femelles ont l'abdomen très-
volumineux. Mâles et femelles sont d'un
brun foncé ou d'un roux jaunâtre, avec un
tubercule gros et arrondi de chaque côté du
dos, sur lequel on aperçoit une triple croix
formée de petites taches ou de points blancs ;
les pieds sont tachetés de noir. On trouve
cet insecte aux environs de Paris.

» Une autre fort jolie, l'épéire faciée : son
corselet est couvert d'un duvet soyeux et ar-
gentée ; son abdomen est d'un beau jaune,
entrecoupé par intervalles de lignes transverses noires, arquées et un peu ondées. Le
savant professeur Walkenaer dit que cette
épéire ne se trouve pas dans l'étendue du

bassin de la Seine. Cependant un de mes amis l'a rencontrée communément sur les bords des ruisseaux, aux environs du Havre. Son cocon, long d'environ un pouce, ressemble à un petit vallon de couleur grise, avec des raies longitudinales noires, et dont une des extrémités est tronquée et fermée par une opercule plate et soyeuse. L'intérieur offre un duvet très-fin, qui enveloppe les œufs.

« Ah! voici la philodrome rhombifère; son corps est long de trois lignes et demie; il est roussâtre; les seconds pieds et les deux derniers ensuite sont les plus longs; le thorax est brun sur les côtés, l'abdomen est ovoïde, et offre en dessous une tache noire ou brune, en losange, et bordée de blanc. Les philodromes courent avec rapidité, les pattes étendues latéralement, elles épient leur proie, tendent des filets solitaires pour la retenir, se cachent dans des tentes ou dans des feuilles, qu'elles rapprochent, pour faire leur ponte.

» Parmi celles que tu m'apportes, Francine, je vois la thomise-citron; elle est d'un

4.

jaune citron , avec l'abdomen grand , plus large en arrière, et souvent sur le dos deux taches rouges, ou couleur de souci ; elle se trouve sur les fleurs. Elle diffère des philodromes par les chelières ou antennes, proportionnellement plus petites, et par ses quatre pieds postérieurs, très-sensiblement ou même subitement plus courts que les précédents. Les yeux latéraux sont souvent situés sur des éminences , tandis que ceux des philodromes sont constamment sessiles , c'est-à-dire sans tige ni pédoncule.

» Nous voici arrivés aux lycoses, nom dérivé du loup, en grec. Les lycoses se tiennent presque toutes à terre, où elles courent très-vite ; elles s'y logent dans des trous qu'elles trouvent formés , ou qu'elles ont creusés, elles en fortifient les parois avec de la soie, et les agrandissent à mesures qu'elles croissent. Quelques-unes s'établissent dans les cavités et les fentes des murs, y font des tuyaux de soie qu'elles recouvrent à l'extérieur de parcelles de terre ou de sable : c'est dans ces retraites qu'elles muent, et qu'elles passent l'hiver, après en avoir fermé l'ouverture; c'est là aussi que les femelles font leur ponte. Elles emportent, lorsqu'elles sont en course, leur cocon, qui est fixé par des fils à l'anus. Les petits se cramponnent, à leur sortie de l'œuf, sur le corps de leur mè.e et y demeurent attachés jusqu'à ce qu'ils soient assez forts pour chercher eux-mêmes leur nourriture. Les lycosses sont très-voraces, et défendent courageusement la possession de leur domicile. Plusieurs espèces se trouvent aux environs de Paris.

HENRI.

Et celle-ci, papa? Dieu! qu'elle est grosse!

M. DE VALMONT.

C'est une espèce de cet ordre, la tarentule, ainsi nommée de la ville de Tarente en Italie aux environs de laquelle elle est commune. Son venin produit des accidents très-graves, suivis souvent même de la mort ou du tarentisme, qu'on ne peut dissiper que par le secours de la musique et de la danse.

FRANCINE.

Mais est-ce vrai cela, ou est-ce un comte?

M. DE VALMONT.

Cela a été un peu brodé par les voyageurs ; mais il y a du vrai : ceux qui en sont
piqué deviennent presque fous. Celle-ci
n'est pas si méchante : c'est la lycosse à sac,
petite, noirâtre; la carène de son corselet
est d'un roux obscur avec une ligne cen-
drée ; elle a une petie touffe de poils gris à
la base supérieur de l'abdomen ; ses pieds
sont d'un roux livide, entrecoupé de taches
noirâtres, son cocon est aplati et verdâtre.
Elle est très-commune aux environs de Paris.

» Passons au genre myrmécie. L'araignée
à chevrons blancs est commune aux environs de Paris ; on la voit sur les murs ou
sur les vitres exposées au soleil ; elle marche comme par saccades, s'arrête tout court
après avoir fait quelques pas, et se hausse
sur les pieds antérieurs. Vient-elle à découvrir une mouche, un cousin surtout, elle
s'en approche tout doucement, jusqu'à une
distance qu'elle puisse franchir d'un bond,
et s'élance tout d'un coup sur l'animal
qu'elle épiait. Elle ne craint pas de sauter

perpendiculairement au mur , parce qu'elle s'y trouve toujours attachée par le moyen d'un fil de soie, qu'elle dévide à mesure qu'elle avance; ce fil lui sert encore à se suspendre en l'air, à remonter au point d'où elle était descendue, où à se laisser transporter par le vent d'un lieu à l'autre. Ces habitudes conviennent, en général, aux espèces de cette division. Plusieurs se construisent, entre des feuilles, sous des pierres, des nids de soie en forme de sacs ovales et ouverts aux deux bouts. Ces arachnides s'y retirent pour se reposer, changer de peau, et se garantir des intempéries des saisons. Si quelque danger les menace, elle en sortent aussitôt et s'enfuient avec agilité.

» Les femelles se font, avec la même matière, une espèce de tente, qui devient le berceau de leur postérité, et où les petits vivent pendant quelque temps en commun avec leur mère.

» Quelques espèces, semblables à des fourmis, élèvent leurs pieds antérieurs, et les font vibrer rapidement. Les mâles se livrent quelquefois à des combats très-singu-

liers par leurs manœuvres, mais qui n'on'
aucune issue funeste. Voici les saltiques,
qui ont quatre yeux, dont les deux intermé
diaires plus gros, en avant du corselet, sur
une ligne transverse, et les autres près des
bords latéraux, deux de chaque côté.

» Voici le saltique chevronné, long d'environ deux lignes et demie. Il a le dessus du
corps noir, ainsi que les bords du corselet
on aperçoit trois lignes en forme de chevrons
sur le dessus de l'abdomen, qui est très-
blanc. Il est très-commun aux environs de
Paris. Voyez le saltique-fourmi, roux, le devant du corselet noir, avec des bandes noires
et deux taches blanches sur l'abdomen.

FRANCINE.

Oh! quelles pattes celles-ci nous mon-
trent? Ce doivent être les faucheurs.

M. DE VALMONT.

Oui, ou les ararchnides trachéennes, qui
ont les antennes-pinces saillantes, beaucoup
plus courtes que le corps, et les yeux portés
sur un tubercule commun, ou petite bosse
unique. Leurs pieds sont très-longs, fort
menus et détachés du corps. Ils donnent

pendant quelques instants des signes d'irri-
tabilité.

» Celui-ci est le faucheur des murailles,
il a le corps ovale et roussâtre ou cendré
en dessus, blanc en dessous; ses palpes sont
longs; on voit deux rangées de petites épines
sur le tubercule qui porte les yeux; il a des
piquants sur les cuisses. Le mâle a les antennes-pinces cornues, une bande noirâtre
à bords festonnés s'étend sur le dos de la
femelle.

FRANCINE.

En voici une multitude de toutes petites
et de toutes couleurs, pas plus grosses que
des pucerons.

M. DE VALMONT.

Ce sont les mites. La plupart de ces animaux sont très-petits ou presque microsco-
piques; ils sont dispersés partout. Les uns
sont errants, et on les rencoutre sous les
pierres, les feuilles, les écorces d'arbres,
dans la terre, dans les eaux, ou bien sur les
provisions de bouche, comme la farine, la
viande desséchée, le vieux fromage sec, sur
les substances animales en putréfraction ;

d'autres vivent en parasites, sur la peau ou dans la chair des divers animaux, et les affaiblissent souvent beaucoup par leur excessive multiplication. On attribue même à quelques espèces l'origine de certaines maladies, et particulièrement de la gale humaine; mis sur le corps d'une personne saine, ces insectes lui inoculent le venin de cette maladie. On trouve aussi diverses sortes de mites sur des insectes, et plusieurs coléoptères vivent de substances cadavéreuses ou excrémentielles en sont quelquefois tout couverts. On en a observé jusque dans le cerveau et les yeux de l'homme.

» Les mites sont ovipares et pullulent beaucoup; plusieurs ne naissent qu'avec six pieds, et les deux autres se développent peu de temps après.

» Celles-ci sont les trombidions, qui ont les antennes-pinces en griffes ou terminées par un crochet mobile; ils ont des palpes saillants, pointus au bout, avec un appendice mobile, ou une espèce de doigt sous leurs extrémités; deux situés chacun au bout d'un petit pédicule fixe, et le corps divisé en deux parties, dont la première ou l'antérieure très-petite ; ils portent entre les yeux et la bouche la première paire de pieds.

» Voici le trombidion satiné, très-commun au printemps dans les jardins ; d'un rouge couleur de sang, il a l'abdomen presque carré, retréci postérieurement, avec une échancrure, le dos chargé de papilles velues à leur base, et globuleuses à leur extrémité.

» Regardez les gammases, dont les antennes-pinces sont didactyles, c'est à dire divisées en deux, et qui ont des palpes saillants ou très-distincts, en forme de fil.

» On en connaît un surtout, le gammase-tisserand, qui forme sur les feuilles de plusieurs végétaux, particulièrememt sur celles du tilleul, des toiles très-fines, et leur nuit beaucoup. Cette espèce est rougeâtre, avec une tache noirâtre de chaque côté de l'abdomen.

» Là encore sont les bdelles, qui ont les palpes allongés, coudés, avec des soies ,ou des poils au bout ; quatre yeux et les pieds postérieurs plus longs ; leur suçoir est avancé en forme de bec conique ou en alêne. Elles se trouvent sous les pierres, les écorces d'arbres, ou dans la mousse. La bdelle rouge, longue à peine d'une demi-ligne, d'un rouge écarlatte, avec les pieds plus pâles, suçoir en forme de bec allongé et pointu, est commune aux environs de Paris.

» Je ne veux pas finir sans vous parler des ixodes que j'ai là dans un autre petit cadre.

» Les palpes des ixodes engaînent le suçoir et forment avec lui un bec avancé, court, tronqué, et un peu dilaté au bout.

» Les ixodes fréquentent les bois fourrés s'accrochent aux végétaux peu élevés par les deux pieds antérieurs, et tiennent les autres étendus. Ils s'attachent aux chiens, aux bœufs, aux chevaux et autres quadrupèdes, et mêmes aux tortues; ils engagent tellement leur suçoir dans leur chair qu'on ne peut les en detacher qu'avec force et en enlevant la portion de chair qui lui adhère. Ils pondent une quantité prodigieuse d'œufs par la bouche. Leur multiplication sur un bœuf, un cheval, est quelquefois si

grande que ces animaux en périssent d'épui-
sement. Leurs larves sont terminés par
deux crochets insérés sur une palette, ou
réunis à leur base sur un pédicule commun.

» L'ixode-ricin est appelé louvette par
ceux qui soignent les chiens de chasse. Il
se fixe sur un chien ; il est d'un rouge foncé,
avec la plaque écailleuse antérieure plus fon-
cée ; les côtés du corps sont rebordés, un
peu poilus ; les palpes engaînent le suçoir.

» Il y a encore l'ixode réticulé, cendré,
avec de petites taches et de petites lignes
annulaires d'un brun rougeâtre ; les bords
de l'abdomen sont striés, les palpes presque
ovales ; ils s'attachent aux bœufs, et a, lorsqu'il est tuméfié, cinq à six lignes de longueur.

» Les argas, autre genre d'ixode, vivent
sur les oiseaux, dont ils sucent le sang.

» Les leptes, ayant aussi un suçoir et des
palpes appârarents, ont le corps très-mou
et ovidoïde; le lepte automnal est une espèce très-commune, en automne, sur les gra-
minés et d'autres plantes. Il grimpe, s'insi-
nue dans la peau, à la racine des poils, et

occasione des démangeaisons aussi insup-
portables que celles produites par la gale.
On le connaît sous le nom de rouget; il est,
en effet de cette couleur et très-petit.

FRANCINE.

C'est, sans doute, ce qu'on appelle à Sucy
un boutin, petite bête rouge qui entre sous
la peau, et dont la demangeaison est insup-
portable.

M. DE VALMONT.

Justement. Lorsque tu vas cueillir dans
les blés des bluets et autres fleurs des champs,
tu t'exposes à être atteinte par ces rougets.
Une fois entré sous la peau, il n'y a rien à
faire qu'à l'en extirper, si on le peut; car
l'ammoniaque, qui détruit si bien le venin du
ccusin, n'a aucune force contre les rougets.

» Cette fois, mes chers enfants, je crois
vous avoir complété ma leçon sur les araignées; vous n'auriez pas le temps d'aller plus
loin, et il nous reste tant de choses intéressantes à apprendre qu'il faut nous contenter
de cette dernière description. Vous avez
bien fait de me provoquer encore aujour-
d'hui au sujet de ses curieux insectes, et

vous m'encouragez, par votre assiduité à m'écouter à vous montrer encore d'autres animaux dont les mœurs ne sont pas moins dignes de fixer votre attention

SIXIÈME LEÇON.

Quel père n'eût pas été heureux d'avoir
des enfants si studieux et si intelligents, qui
allaient au-devant de ses désirs? Ces premiers éléments d'une science dont les commencements sont si arides, chargés d'ex-
pressions nouvelles pour eux et difficiles à
retenir, loin de les décourager, les intéres-
saient de plus en plus. Qu'ils ressemblaient
peu à ces pauvres élèves de nos colléges et
de nos pensions, qui n'écoutent pas les leçons qui leur sont données, sous prétexte

qu'ils n'y comprennent rien ! Henri et Francine, au contraire, sentaient parfaitement que l'aridité de ces commencements ne pouvait être évitée dans aucune science, dans aucun art; du reste, ils trouvaient des charmes dans les descriptions simples et concises que M. de Valmont, leur excellent père, savait si bien mettre à leur portée; ces causeries familières où ils les instruisait sans fatigue étaient toujours pour eux l'objet d'un nouveau plaisir.

Aussi, enchantés de connaître déjà les noms de tant d'insectes, dont la forme et la couleur venaient de passer sous leurs yeux, redoublèrent d'instances auprès de M. de Valmont pour qu'il leur montrât encore les cadres et les tiroirs dans son cabinet, tout garnis d'insectes et de divers animaux curieux.

— Je le veux bien, leur disait M. de Valmont; mais, vraiment, je crains de voir toutes mes descriptions s'embrouiller dans vos petites têtes.

HENRI.

Oh! je t'assure que non, cher papa! j'ai

tout présent à la mémoire comme si tu venais de me l'expliquer tout à l'heure.

FRANCINE.

Et moi, j'ai pris mes précautions, j'ai écrit tout ce que j'ai pu retenir, et je te communiquerai mes notes, cher papa, pour que tu les rectifies.

M. DE VALMONT.

C'est fort bien ! mais vos autres leçons, je parie bien que vous les négligez.

FRANCINE.

Non, vraiment; d'ailleurs je craindrais d'être punie par ma maîtresse. Tout a marché de front. Ainsi aujourd'hui je n'ai qu'à repasser toutes les leçons de la semaine; mes fables, par exemple, que je sais sur le bout du doigt, depuis la Cigale et la Fourmi jusqu'à...

M. DE VALMONT

Tu parles de cigale : sais-tu bien ce que c'est?

HENRI.

Ce n'est pas difficile.

M. DE VALMONT.

Voyons, monsieur l'entomologiste.

5..

HENRI.

C'est une sauterelle, tout bonnement.

M. DE VALMONT.

Tu le crois ainsi, et tu as raison, s'il faut s'en rapporter à la gravure de la fable de La Fontaine, telle que tu l'as vue dans une ancienne édition : car on y représente à tort une de ces sauterelles que les entomologistes appellent locustaires, et non une cigale. Ce derner genre d'insectes ne se trouve que dans le midi de la France, tandis que la sauterelle représentée dans la gravure se rencontre dans nos prairies, où les locustaires se tiennent de préférence. On les y voit pendant toute la belle saison, mais ce n'est qu'à la fin de l'été qu'on peut les prendre à l'état parfait. Les paysans font comme l'auteur de la gravure, ils les prennent pour des cigales à cause d'une forte stridulation que font entendre les mâles.

Les sauterelles ou locustaires font moins de tort à l'agriculture que les acridites ou criquets, dont les dommages sont incalculables.

» La grande sauterelle vertes a deux pouces de long; elle est sans tache ; la tariére de la femelle est droite. Il en est une autre, un peu moins longue, qui a des taches brunes ou noirâtres sur les étuis. La femelle , dont la tarière est recourbée, est remarquable par l'utilité que les paysans suédois tirent de sa morsure; ils lui attribuent la vertu de guérjr les verrues ; la liqueur noire et bileuse qu'elle dégorge dans la plaie fait sécher et disparaître les excroissances cutanées, ou durillons de la peau.

FRANCINE.

Tu nous disais tout à l'heure que d'autre espèces de sauterelles étaient plus nuisibles : que sont-elles.

M. DE VALMONT.

Je vais te le dire : ce sont les acridi?es ou criquets. Cette famille est bien distincte des locustaires ou sauterelles : un corps plus épais, des pattes postérieures plus robustes en général, la largeur de la poitrine , servent à la faire reconnaître. Ces insectes sautent plus promptement et plus haut que les sauterelles , au moyen de leurs pattes postérieures, qui d'une élasticité admirable, leur donnent aussi, par leur longueur, la facilité de s'élancer à une grande distance. On sait qu'il faut une force prodigieuse pour exécuter le mouvement d'extension qui leur est propre; aussi ces pattes sont-elles garnies de très-forts muscles Mais cette organisation ne favorise pas ces insectes dans la marche : celle-ci est pénible, embarrassée et lourde; ce qui est le propre de tous les animaux qui ont les pattes de derrière beaucoup plus longues que celles de devant, et qui, par cette raison, ne se servent guère de leurs pattes que pour sauter.

» Les femelles n'ont pas cette tarière qui, dans les sauterelles, est ordinairement très-apparente et fort prolongée ; cet organe est ici remplacé par les quatre pièces terminales qui se trouvent à l'extrémité de l'abdomen, et qui servent, sans doute, à l'insecte pour introduire ses œufs dans la terre.

» Chez les sauterelles l'organe de la stridulation est placé à la base des élytres. Les mâles des criquets sont privés de cet appareil, et le son qu'ils font entendre est pro-

duit par le frottement des cuisses postérieures contre les élytres. L'insecte approche
alors la jambe contre la cuisse, et les tenant
appliquées l'une contre l'autre, il imprime
à la cuisse un mouvement très-rapide en la
frottant avec l'élytre; ce qu'il fait tantôt avec
la patte droite, tantôt avec la gauche. On
trouve dans l'intérieur du corps une cavité
double qui contribue beaucoup à relever le
son que l'insecte fait entendre et [à en aug-
menter la résonnance. Comme toute l'antiquité, le vulgaire de nos jours confond, sous
le même nom de sauterelles, les insectes
que les naturalistes partagent maintenant
en deux familles distinctes, les locustaires
et les acridites.

» Tous les auteurs qui ont eu à faire l'histoire des sauterelles ont parlé des ravages
qu'elles ont de tout temps, et trop souvent,
causées dans quelques contrées. L'Orient,
l'Afrique septentrionale, le midi de l'Euro-
pe, toute l'Inde et la Chine ont eu et ont encore fréquemment à souffrir de ce fléau. Ce
qui paraît le plus étonnant dans ces apparitions terribles, c'est la multitude incroyable

de ces insectes, qui semble à une nuée poussée par les vents, obscurcit le ciel sur son passage. L'action des vents pour transporter ces armées de sauterelles ne saurait être mise en doute : leurs organes du vol ne leur permettraient pas seuls de faire de longues routes sans se poser à terre ; et pourtant elles traversent quelquefois de vastes étendues de mer.

» En 1811, un vaisseau, retenu par le calme à deux cents milles des îles Canaries, fut tout à coup, après qu'un léger vent du nord-est eut commencé à souffler, enveloppé par un nuage de ces insectes, qui, s'abattant sur le navire, en couvrirent le pont et les hunes.

» On ignore la loi naturelle suivant laquelle ces insectes sont ramassés à un certain moment et emportés par une trombe de vent qui les conduit là où il leur plaît de descendre. Leur volonté ou instinct paraît y être pour quelque chose; autrement on ne pourrait guère expliquer une marche de ce genre, et c'est là, sans doute, ce qui les a fait mettre par Salomon, ce roi célèbre par sa justice et par ses égarements, dont nos livres saints nous racontent la vie, au rang des quatre animaux auxquels il accorde la sagesse. Moïse, qui, lui aussi, en a parlé, les classe parmi les animaux à quatre pieds qui n'étaient pas regardés comme impurs, et dont il était, par conséquent, permis de manger. Lorsque ces fatales apparitions de sauterelles arrivent dans un pays, il s'ensuit presque aussitôt une dévastation de la contrée. Elles attaquent même l'écorce des arbres ; quand elles n'ont pas d'herbes tendres ni de feuilles à manger, elles dévorent les toits de chaume des habitations. Suivant une lettre reçue de Chine, en 1835, et rapportée dans les Annales de la Société antologique de France, les récoltes mises à l'abri sont souvent en partie dévorées, excepté toutefois la sésame, le dolichos et le blé sarrasin, auxquels ces insectes ne touchent pas. Cette lettre ajoute que s'il y avait des pays inondés où il n'y eût pas de récoltes à dévorer, ils entraient dans les maisons et mangeaient les habits, les bonnets, etc.

» Ce dernier fait, s'il est exact, semblerait indiquer que les sauterelles peuvent se nourrir de produits végétaux manufacturés par l'art.

» On s'est efforcé dans tous les temps, là où le fléau des sauterelles est souvent à craindre, de chercher des moyens de s'en préserver. Indépendamment des prières et des sacrifices que les anciens offraient aux dieux, ils prenaient des mesures de police pour la destruction de ces insectes, soit à l'état parfait, soit à l'état d'œuf, afin d'empêcher leur reproduction l'année suivante. On employait des soldats, des légions pour aller les recueillir dans des sacs et les brûler, ou les enterrer ensuite ; car on avait à craindre non-seulement la famine par suite de la dévastation des récoltes, mais encore la peste par l'infection que répandaient leurs cadavres.

» On dit que, l'an 800, ces insectes, après avoir été entraînés dans la mer, furent rejetés morts sur la côte, et répandirent une odeur aussi funeste qu'auraient fait les cadavres d'une nombreuse armée. Un voyageur anglais, Barrow, rapporte que, dans le Sud de l'Afrique, en 1787, ces insectes couvrirent le sol sur une étendue de deux milles carrés, et que, poussés dans la mer par un vent violent, il formèrent près de la côte un banc de trois à quatre pieds de hauteur, sur une longueur de cinquante milles ; qu'ensuite le vent étant venu à changer, l'odeur de putréfaction se fit sentir à cent cinquante milles.

» M. Soliers a donné, dans les Annales de la Société d'entomologie de France, une statistique assez curieuse des dépenses faites dans quelques communes du midi de la France, depuis plusieurs siècles, pour la destruction des sauterelles. En 1613, la ville de Marseille dépensa 20,000 fr., et celle d'Arles 25,000 fr., pour leur faire la chasse. Ces dépenses se sont successivement renouvelées depuis, d'année en année, dans une proportion plus ou moins considérable. On payait et on paie encore 25 centimes aux personnes qui apportent deux livres de ces insectes, et 50 centimes pour le même poids d'œufs. La chasse commence au mois de mai ; presque toute la population de certains villages y est employée. On se sert d'un drap de grosse toile dont les coins sont tenus par quatre personnes ; deux marchent en avant en faisant raser le sol par le bord du drap ; les insectes, en fuyant, saute sur le drap étendu, et, ainsi recueillis, sont jetés dans des sacs. On s'est aussi servi quelquefois avec avantage de l'espèce de filet en forme de sac placé au bout d'un bâton, dont les entomologistes font usage pour recueillir des insectes sur la tige des plantes. Il ressemble assez à votre lanet. La ponte se fait, en général, dans les mois d'août ; mais beaucoup de femelles ne la font qu'en septembre, et même en octobre. La femelle pratique un trou dans la terre pour y déposer ses œufs, qui ne devront éclore que l'année suivante. Le tube qui les renferme est à peu près cylindrique, d'environ un pouce et demi de long, sur trois ou quatre lignes de diamètre ; il est glutineux, garni d'une légère couche de terre, et placé dans une position ordinairement horizontale. Chacun de ces tubes paraît contenir de cinquante à soixante œufs, et il se rencontre principalement dans des terrains incultes, dans les lieux où la terre a le moins d'épaisseur.

» On voit dans les anciens auteurs que, pour détruire ces œufs, on prit quelquefois le parti de fouler fortement la terre à l'aide des chariots que l'on faisait passer et repasser sur la place.

» Quoique ce moyen fût moins sûr que l'enlèvement même des œufs, il semble néanmoins qu'il valait mieux, pour prévenir l'éclosion des insectes, que celui dont on a fait quelquefois usage dans de grandes apparitions de sauterelles. Pour se délivrer de leur présence, on se répandait en troupes nombreuses dans les campagnes, en sonnant de la trompette! ou même en tirant le canon pour les chasser de la contrée.

» Tous les auteurs s'accordent à dire que ce sont les acridites principalement, qui, par leur migration à travers les airs et leur multiplication effrayante, sont la cause des dévastations qui désolent tant de pays agricoles sur la surface du globe. Sans doute les locustaires y contribuent pour leur part, mais, à ce qu'il paraît, dans une proportion qui resterait insensible sans la présence de la multitude incomparablement plus grande des acridites.

» C'est seulement après les conquêtes d'Alexandre dans l'Asie que les Grecs ont commencé à faire mention de l'usage où sont les peuples orientaux de se faire un mets des sauterelles, et du bon goût même qu'ils paraissaient y trouver. Tous nos voyageurs en ont parlé depuis, et tous ont été d'accord avec les Grecs sur ce point, que ce mets ne leur avait semblé rien moins qu'agréable quand ils en avaient mangé; mais, en revanche, les Orientaux, dit-on, les Arabes notamment , ne mangent point d'animaux à coquille ou à carapace, comme crabes, etc., et s'étonnent, de leur côté, du goût que nous manifestons y trouver. Les sauterelles, en Orient, se mangent tantôt bouillies, cuites avec du beurre. après qu'on leur a ôté les ailes et les pattes ; tantôt simplement rôties sur les charbons avec du sel : on en voit abondamment dans les marchés publics, et cet aliment forme, dans toute l'Asie, un objet de commerce assez important.

» Les Hottentots, en Afrique, en font aussi un grand usage, et c'est une joie pour eux quond ils voient arriver le temps de l'apparition de ces insectes. Toute l'antiquité a parlé des peuples acridophages ou mangeurs de sauterelles. Ils creusaient un vaste trou dans la terre, et entassaient des feuillages, auxquels ils mettaient le feu; la fumée, en s'élevant dans l'air, y faisait tomber les nuées de sauterelles qui passaient par-dessus.

» Mais cette nourriture, ajoute-t-on, les rendait faibles et maigres; puis, quand une vieillesse précoce arrivait, il leur sortait du corps une multitude de vers : une vermine ailée, qui les dévorait et les faisait mourir au milieu des plus vives souffrances.

» Le voyageur Sparrenann dit, au contraire, que les mets de sauterelles engraissent les Hottentots.

» Plusieurs espèces appartenant au genre œdipode se trouvent dans les environs de Paris.

» Ce sont : le criquet à ailes rouges, d'un brun foncé ou noirâtre, ayant corselet en carène, ailes rouges avec l'extrémité noire ;

» Le criquet à ailes bleues, dont les ailes sont d'un bleu un peu verdâtre, avec une bande noire.

» En voilà assez sur l'histoire des acridites et des sauterelles ; nous allons maintenant nous occuper des coléoptères, ces petits animaux à élytres ou ailes dures, remarquables dans leur instinct, et dont je vous ai déjà dit un mot. »

SEPTIÈME LEÇON.

—

A quelques jours de là, Henri et Francine, se promenant avec M. de Valmont autour des murs du joli parc de M. Baudry, riche propriétaire de Paris qui habite, durant une partie de l'année, un ancien château de Sucy appelé le fief de la Haute-Maison, rencontrèrent sous leurs pas une multitude de ces coléoptères, insectes à ailes dures, dont M. de Valmont leur avait déjà parlé; ils voulurent en prendre quelques-uns, et y parvinrent, non sans peine; Francine surtout, qui ne pouvait se défendre d'une certaine appréhension lorsqu'il fallait hardiment mettre la main sur le petit animal, les voyait s'échapper de ses doigts plus souvent qu'elle ne les saisissait. Quant à Henri, c'était un brave, qui, du reste, ne manquait pas de prudence et d'adresse : il jetait son mouchoir sur l'insecte, et s'en emparait ensuite sans péril, en le tenant serré par le dos par-dessus le mouchoir. De cette façon, il évitait tout danger d'être piqué, mordu ou sali par le petit animal.

— Papa, papa, dit-il en courant vers **M. de Valmont**, en voici un qui me fait courir depuis un quart-d'heure : il marche comme un démon, et, aussitôt qu'on approche, il s'envoie. Je le tiens dans mon mouchoir; tiens, regarde : qu'il est joli et d'un beau vert bronzé !

M. DE VALMONT.

C'est, en effet, un coléoptère; c'est la cicindéle. Prends garde ! elle doit avoir au bout des mâchoires un onglet qui est articulé par sa base.

» Voyez quelle téte, quels gros yeux; ses

mandibules sont très-avancées et très-den-
tées.

» Elle est d'un beau vert foncé, mélangé
de couleurs métalliques et brillantes, avec
des tâches blanches sur les étuis; cette sorte d'insectes fréquente les lieux secs, exposés au soleil, comme celui-ci, qui est le pla-
teau le plus élevé de la montagne de Sucy.

FRANCINE.

Ces animaux ont-ils, comme les autres insectes, subi une métamorphose?

M. DE VALMONT.

Sans doute, après avoir été œufs et larves, ils changent de peau, deviennent nymphes et arrivent enfin à l'état parfait où tu
les vois.

» Les larves des deux espèces indigènes,
les seules qui aient été observées, se creusent dans la terre un trou cylindrique, assez
profond, se servant de leurs mandibules et
de leurs pieds pour déblayer; elles chargent
le dessus de leur tête de faibles parties des
petits monceaux de terre qu'elles ont détachés, se retournent, grimpent peu à peu en
se cramponnant aux parois intérieures de

6

l'habitation, et se reposant par intervalles; arrivées à l'orifice du trou, elles rejettent leur fardeau. Lorsqu'elles sont en embuscade, la plaque de leur tête ferme exactement, et au niveau du sol, l'entrée de leur cellule; elles saisissent leur proie avec les mandibules, s'élancent quelquefois sur elle, et la précipitent au fond du trou. Leur voracité s'étend jusqu'aux autres larves de leur propre espèce. Elles bouchent l'ouverture de leur demeure lorsqu'elles doivent changer de peau ou se métamorphoser en nymphe.

FRANCINE.

Cette cicindèle est-elle la seule que nous ayons en France?

M. DE VALMONT.

Non, mon enfant : nous avons encore la cicindèle champêtre, longue d'environ six lignes, d'un vert pré au-dessus, avec la livrée blanche faiblement dentée au milieu, et cinq points blancs sur chaque élytre. On la trouve aussi aux environs de Paris

» Il y a encore la cicindèle bybride, qui a sur chaque élytre deux taches en croissant et une bande blanche, une de ces taches située à la base extérieure, et l'autre au bout ; elle est cuivreuse et se trouve dans les sablonnières.

» Une autre espèce, de notre pays, la cicindèle germanique, a une forme plus étroite et plus alongée ; elle ne s'envole pas, ainsi que les précédentes, dès qu'on veut la saisir, mais s'échappe sous les doigts, en courant très-vite.

» Voici de petites bêtes curieuses : ce sont les brachines ; ils ont l'abdomen en carré long, renfermant une liqueur caustique et volatile, que l'animal faisait sortir à volonté avec détonation ; on ne leur remarque pas de cou ; ils ont les tarses simples, le corselet étroit, les élytres tronqués. Ces insectes habitent sous les pierres, dans les lieux secs et chauds, et souvent en grand nombre; lorsqu'ils sont poursuivis par leurs ennemis, ou qu'on les touche, ils font sortir par l'anus, et avec explosion, une fumée bleuâtre d'une odeur pénétrante, et assez corrosive pour noircir les doigts de l'observateur, et même, si l'espèce est assez grande, pour brûler avec douleur ; ils peuvent répéter ces explosions huit ou dix fois de suite, à de courts intervalles.

» Le brachine pétard, long de quatre lignes à quatre lignes et demie, est de couleur fauve; ses élytres sont d'un noir bleuâtre, avec nuances de vert bleuâtre-clair.

» Le brachine-pistolet, plus petit, long de deux à trois lignes, est de couleur fauve; ses antennes n'ont point de taches; ses élytres sont d'un noir bleuâtre jusque près du milieu des élytres, le dessous du corps est d'un rouge ferrugineux.

» Il y a encore des coléoptères serricornes, qui ont quatre palpes, les antennes filiformes, c'est-à-dire d'une égale épaisseur, ou ayant la forme d'un fil, mais ordinairement dentelées en scie, en peigne ou en panache; les élytres couvrent l'abdomen.

» Une autre espèce de coléoptères, appelés élatérides, a le stylet postérieur de l'avant-sternum terminé en pointe comprimée latéralement et souvent un peu arquée et unie-dentée, s'enfonçant au gré de l'animal, dans une cavité de la poitrine située immédiatement au-dessous de la naissance de la seconde rangée de pieds : c'est là ce qui est d'un grand secours à ces insectes pour sauter, lorsqu'ils sont sur le dos, et se remettre sur leurs pattes.

» En voici un qu'on appelle taupin, dont le corps est généralement étroit et alongé ; les angles postérieurs du corselet se prolongent en pointe aiguë, en forme d'épine.

» On les a nommés, en français, scarabées à ressort ; couchés sur le dos, et ne pouvant se relever à raison de la brièveté de leurs pieds, ils sautent, comme nous l'avons dit de l'espèce précédente, et s'élèvent perpendiculairement en l'air jusqu'à ce qu'ils retombent dans leur position naturelle. Les côtés de la poitrine sont distingués par une rainure où ces insectes logent, en partie, leurs antennes ; celles-ci sont en peigne ou en longue barbes dans plusieurs mâles.

» Les taupins se tiennent sur les fleurs, les plantes, et même à terre, ou sur le gazon ; ils baissent la tête en marchant, et,

6.

quand on les approche , ils se laissent tomber à terre , en appliquant leurs pieds sous le dessous du corps.

» Leur nombre est considérable. Il y a en Amérique le taupin-cucujo, long d'un pouce, d'un brun obscur , avec un duvet cendré , ayant une tache jaune , ronde, convexe, luisante de chaque côté du corselet, près de ses angles postérieures. Ses taches répandent, pendant la nuit, une lumière très-brillante , qui permet de lire l'écriture la plus fine, surtout si on y réunit plusieurs de ces insectes dans le même vase. C'est à cette lueur que les femmes font leur ouvrage ; elles le placent dans leurs coiffures pour leurs promenades du soir. Les Indiens les attachent à leurs chaussures , afin d'éclairer leur marche dans leurs voyages nocturnes. Nos colons l'appellent mouche lumineuse , et les sauvages cucuyos ; de là ce nom espagnol cucujo. Un insecte de cette espèce, transporté à Paris dans du bois, a excité , par la lumière qu'il jetait, la surprise de plusieurs personnes, témoins de ce phénomène inconnu pour elles.

» On trouve aux environs de Paris un autre taupin appelé le taupin germanique; il est long de six lignes environ, d'un bronzé luisant par-dessus, d'un noir bronzé en dessous ; les antennes du mâle sont légèrement en scie, et les élytres striés et pointillés.

» Il faut mettre dans cette classe la famille des lamellicornes, qui offre des antennes insérées dans une fossette profonde, sous les bords latéraux de la tête , toujours courtes , de neuf à dix articles le plus souvent , et terminées , dans tous, par une massue, ordinairement composée de trois derniers articles , qui sont en forme de lames , tantôt disposés en éventail ou à la manière des feuillets d'un livre, s'ouvrant et se fermant de même, quelquefois contournés et s'emboîtant concentriquement.

» Cette famille est très-considérable et une des plus belles des insectes coléoptères , sous le rapport de la grandeur du corps , de la variété de la forme, du corselet et de la tête. Les larves ont le corps long , presque demi-cylindrique , mou , souvent ridé, blanchâtre, divisé en douze anneaux; la tête est écailleuse, armée de fortes mandibules; elles ont six pieds écailleux, et neuf stigmates des deux côtés du corps. Son extrémité postérieure est plus épaisse, arrondie, et presque toujours courbée en dessous, en sorte que ces larves, ayant le dos convexe ou arqué, ne peuvent s'étendre en ligne droite, marchent mal sur un plan uni et tombent à chaque instant à la renverse ou sur le côté. On peut se faire une idée de leur forme par celle de la larve si connue des jardiniers, sous le nom de ver blanc. qui est celle du hanneton ordinaire. Ces larves ne se changent en nymphes qu'au bout de trois ou quatre ans ; elles se forment dans leur séjour, avec de la terre ou les débris des matières qu'elles ont rongées, une coque ovoïde, en forme de boule alongée, dont les parties sont liées avec une substance glutineuse qu'elles font sortir de leur corps. Elles ont pour aliments les bouses, le fumier, le terreau, le tan, les racines des végétaux, souvent même de ceux qui sont nécessaires à nos besoins, d'où résultent pour le cultivateur des pertes considérables. On trouve assez communément aux environs de Paris des insectes de cette famille, au milieu des ordures et des excréments des animaux.

» Le bousier lunaire, qui est long de huit lignes, noir très-luisant, avec la tête échancrée au bord antérieur, porte une corne élevée, plus longue et pointue dans le mâle, courte et tronquée dans la femelle.

» Le géotrupe stercolaire est d'un noir luisant ou d'un vert foncé en dessus, violet ou d'un vert doré en dessous; il a un tubercule sur le vertex, des raies pointillées sur les élytres, avec les intervalles lisses; deux dentelures à la base des cuisses postérieures.

» Le géotrupe printanier, plus court que le précédent, se rapproche de la forme hémisphérique ; il est d'un noir violet ou bleu ; ses antennes sont noires, et ses élytres lisses.

» Le hanneton ordinaire est noir, velu ;

les antennes , le bord antérieur du chaperon , les élytres et la majeure partie des pieds sont d'un bai rougeâtre. Le corselet , un peu dilaté , a une marque bien distincte vers le milieu de ses bords latéraux; des taches triangulaires blanches se remarquent sur les côtés de l'abdomen.

» Le cétoine dorée , long de neuf lignes, d'un vert doré , brillant en dessus , d'un rouge cuivreux en dessous, avec des taches blanches sur les élytres , se voit souvent sur les fleurs, surtout sur celles du rosier et du sureau.

FRANCINE.

Ainsi le hanneton , qui nous amuse tant , est un coléoptère.

M. DE VALMONT.

Oui , mon enfant, c'est un coléoptère parfait , qui peut nous donner une idée de la forme de tous les insectes de cette famille , à élytres durs, à ailes repliées dans cet étui ; c'est le souffre douleur des enfants , qui lui font endurer mille tortures, comme tu dis , pour s'amuser ; ce qui est atroce : car les petits méchants qui lui arrachent une patte, qui lui enfoncent des épingles dans le corps, ne savent pas ce qu'il souffre; ces pauvres animaux pourtant endurent des douleurs semblables à celles que nous supportons nous-mêmes.

HENRI.

Est-ce qu'ils ne souffrent pas autant que nous lorsqu'on les mutile ainsi ?

M. DE VALMONT.

Comme je ne vous ai pas élevés à faire souffrir inutilement les animaux, et que vous avez tous deux un bon cœur, je peux vous dire cela en confidence ; car je suis sûr que vous n'en abuserez pas, vous, mes chers enfants. Les insectes à sang blanc, à sang froid, ne souffrent pas autant que les vertébrés, à sang chaud, d'une blessure, des suites d'un accident d'un combat qui leur fait perdre une jambe, une pince. Il en est de même des crustacés, à qui, je crois vous l'avoir déjà dit, repousse la patte ou la pince perdue ; on pense même, autant qu'il est possible de l'assurer, que l'insecte qu'on a traversé tout vivant avec une épingle, en le perçant de part en part au milieu du thorax, ne souffre qu'à l'endroit traversé; qu'ainsi cloué, il peut vivre quelque temps, si on lui donne la nourriture convenable. La faim l'emporte-t-elle sur la douleur, je l'ignore; quoiqu'il en soit, il ne laisse pas de manger.

FRANCINE.

C'est égal, c'est affreux de les tourmenter ainsi; et d'ailleurs, est-on bien sûr qu'ils ne souffrent pas.

M. DE VALMONT.

Tu as raison; et, dans le doute, il faut éviter ces cruautés bien inutiles, puisqu'on peut les asphyxier, soit par dessus la vapeur de l'eau bouillante, soit dans l'esprit de vin, ce qui est bien plus prompt, et je dirai même plus charitable.

» Nous finissons ici l'histoire abrégée de nos insectes. J'ai voulu seulement vous donner une idée générale de toutes ces petites bêtes que nous rencontrons sous nos pas; quand vous serez plus instruits, je mettrai dans vos mains des ouvrages complets d'entomologie.

BARBOU FRÈRES, IMPR.-LIBRAIRES.

9 782329 602431